HARLEY-DAVIDSON

ROCKY MOUNTAIN

HARLEY-DAVIDSON

Eine Hommage an die legendären Motorräder Amerikas

* * *

Martin Norris

ISBN 3-89815-070-4

Herausgeber: Joanna Lorenz
Projekt-Redakteur: Fiona Eaton
Designer: Andrew Heath
Cover: Mathias Becker
Art Direction Eurobooks: M. Becker
Übersetzung für AD/Press: A. Schierholz

Lifestyle 2000

INHALT

Einführung 6

Die Frühen Jahre 12

Überleben der Depression 20

Die Klassischen Jahre 28

Halbschwergewichte 36

Persönlichkeitsspaltung 42

Moderne Zeiten 48

Die Rennen 54

Die massgeschneiderte Harley 58

Index 64

EINFÜHRUNG

Von Beginn an, war die Entwicklung des Harley-Davidson Motorrads untrennbar mit der Geschichte des modernen Amerikas verbunden. Seit seinen Anfängen als Hinterhofexperiment von Emigrantensöhnen, hat sich dieses Motorrad zum universellen Symbol für Freiheit und zum meistbewundertsten Motorrad der Welt entwickelt.

Die Familien Harley und Davidson emigrierten in den 1880er Jahren aus Großbritannien nach Amerika, verbunden durch die Freundschaft zweier ihrer Kinder, William (Bill) S. Harley und Arthur Davidson. Sie arbeiteten in der gleichen Metallverarbeitungsfabrik in ihrer Heimatstadt Milwaukee, Wisconsin.

Am Ende des 19. Jahrhunderts gehörten Radrennen zu den Haupt-Sportarten in den U.S.A., und die Hallenrennbahnen zogen große Menschenmengen an. Dort waren im Jahr 1899 die ersten Motorräder zu sehen, die man bei diesen Radrennen als Tempomacher einsetzte.

Im darauffolgenden Jahr zeigte ein Arbeitskollege Bill und Arthur eine Sammlung von Plänen des kleinen De Dion Motors, der diese motorisierten Fahrräder antrieb. Die Drei experimentierten zusammen und benutzten dabei diese Pläne, um ihre eigenen Motoren zu fertigen. 1901 konzentrierten sie jedoch ihre Bemühungen auf ein motorisiertes Fahrrad. Ihr erster funktionsfähiger Prototyp gelangte 1903 auf die Straße. Sein 405 ccm Motor trieb mittels Antriebs-Riemen das Hinterrad an.

In ihrer Qualität war die erste Harley-Davidson anderen Motorrädern gegenüber, deutlich überlegen; und so bekundeten mehrere Leute ihr Interesse, ein Motorrad kaufen zu wollen. Arthurs Vater errichtete, für das in seinem Hinterhof heranreifende Unternehmen, einen Schuppen und seine Tante malte die Legende auf die Tür: „Die Harley-Davidson Motor Company".

Mit ihrer eigenen Werkshalle und wachsendem Vertrauen in ihre technischen Fähigkeiten, begannen sie, aus ihrer guten Ruf Kapital zu schlagen. Ein Mangel an Geld war das größte Problem für das Duo. Zwei Anzahlungen, (jede davon den halben Preis eines Motorrads betragend) ermöglichten ihnen jedoch, zwei weitere Motorräder im folgenden Jahr zu bauen sowie die Größe ihrer „Fabrik" auf 3 x 9 m auszudehnen.

Bill und Arthur waren aber nicht die einzigen, die neue Motorräder konstruierten. In Amerika gab es auch andere junge Männer, die die Resultate ihrer Hinterhofsarbeit verkauften – dreihundert verschiedene Hersteller existierten zu diesem Zeitpunkt. Dabei benutzten die meisten von ihnen den gleichen Ansatz, weshalb auch letztlich die meisten scheiterten, nach dem

Walter C. Davidson posiert für ein Werbefoto, nachdem er das FAM (Federation of American Motorcyclists) Rennen von 1908 gewonnen hatte. Dieses zweitägige Rennereignis fand in New York statt und war das erste seiner Art in den Vereinigten Staaten. Am darauffolgenden Wochenende veranstaltete die FAM den Long-Island-Verbrauchswettbewerb, bei dem Walter ebenfalls, mit einem Durchschnittsverbrauch von 188 Meilen pro Gallone Benzin, den Sieg für Harley-Davidson holte.

sie ein oder zwei Maschinen verkauft hatten. Sie montierten den Motor einfach auf ein Fahrrad, ohne es zu verstärken. So dauerte es nicht lange bis die rauen und ausgefahren Straßen jener Tage und das Fehlen jeglicher Federung, die Schwächen dieser Konstruktion bloßstellten: die, im wahrsten Sinne des Wortes, unter dem Fahrer zusammenbrechen konnte. Was die Harley-Davidson den meisten Konkurrenten gegenüber so überlegen machte, war die robustere Konstruktion des Rahmens und der Gabel.

Als die schwarze Farbe auf ihrem zweiten Motorrad kaum getrocknet war, hatten die Harley-Davidsons auch schon den Ruf weg, überentwickelt, schwergewichtig und mit größeren Motoren als die meisten anderen Motorräder ausgestattet zu sein. Im Jahr 1913 prahlte die Firma in ihren Anzeigen damit, wie gut dieses Motorrad, nach hunderttausend Meilen und verschiedenen Besitzern, noch lief.

Aber nicht nur die Qualität ihrer Motorräder war für ihren Anfangserfolg verantwortlich, sondern auch die Art wie sie ihr technisches Wissen weiterentwickelten. Bill schrieb sich für einen Kraftfahrzeugingenieurskurs ein, während Arthur mit Hilfe einiger Teilzeitangestellter damit fortfuhr, ihre frühen Motorräder zusammenzubauen.

Mit dieser positiven Haltung, ist es nicht weiter erstaunlich, dass die Firma rapide wuchs. Nur fünf Jahre nach dem Verkauf der ersten Maschine, war der Output von einer auf 450 Maschinen im Jahr angestiegen. Zwei von Arthurs Brüdern, Walter und William, hatten sich ihnen angeschlossen, und dieses Quartett kontrollierte das Geschäft, bis sie es an die nächste Generation übergaben. Das Motorrad, das den Brüdern einen solchen Erfolg bescherte, war die Silent Grey Fellow (ruhiger, grauer Kumpel). Ihre ersten Motorräder waren schwarz lackiert, aber Grau d entwickelte sich schnell zur bevorzugten Wahl und wurde schließlich die einzig erhältliche Farblackierung. Jahr für Jahr wurde die Technik dieses Motorrads verbessert, seine wesentlichen Merkmale blieben jedoch gleich. Der Hubraum des einzylindrigen Motors wuchs von 405 ccm auf 565 ccm an.

Als ein neuer und stärkerer Motor entwickelt wurde, der dann von fast jedem Motorradhersteller in Amerika, darunter auch Harley-Davidson, übernommen wurde, schaffte die Grey Fellow 80 km/h. Die Motorradrahmen jener Tage hatten viel Freiraum hinter dem Motor und sobald die Größe des Einzylinders optimiert worden war, wurde die Anzahl der Zylinder erhöht. Das Hinzufügen eines weiteren Zylinders bedeutete, dass man seine Leistung mit einem minimalen Zusatzgewicht verdoppeln konnte, ohne dabei eine völlig neue Konstruktionstechnologie zu benötigen. Die meisten amerikanischen Motorradhersteller übernahmen den V-Zweizylindermotor, mit einem Hubraum von 1000 ccm, und Harley-Davidson machte dabei keine Ausnahme. Das wichtigste Merkmal des V2 Motors ist, dass er sich im unteren Drehzahlbereich bewegt und langlebig ist. Darüber hinaus erzeugt er ein großes Drehmoment. Dies waren ideale Eigenschaften für ein amerikanisches Motorrad, das für Langstrecken einsetzbar sein musste.

Der Erste Weltkrieg, der 1914 in Europa begann, ließ die Produktionszahlen zurückgehen. Während die meisten ihrer Konkurrenten vom Markt verschwanden, gelang es Harley-Davidson, sein rapides Wachstum in diesem Jahrzehnt aufrechtzuerhalten. Obwohl sich der Export verminderte und die Kosten für den Import von Bauteilen stiegen, blieb der Verkauf auf dem heimischen Markt weiterhin lebhaft.

Die 1996 FLHTCUI, oder auch Ultra Classic Electra Glide, bietet nahezu alles, was sich ein Motorradfahrer wünschen konnte – CB Radio, stimmaktive Sprech- und Musikanlage – sowie maximalen Schutz vor Witterungseinflüssen.

Während dieser Krieg Harley-Davidson daran hinderte, seine Pläne für eine weltweite Expansion umzusetzen, ermöglichte er der Firma, einen ihrer Rivalen, Indian, den größten Motorradhersteller Amerikas, von seinem Thron zu stürzen. Indian war einer der Pioniere der amerikanischen Motorradindustrie. Sie verkauften mehr Motorräder als jede andere Firma, doch nun begann ihr Glück sich zu wandeln. Das Militär brauchte Motorräder und während Harley-Davidson der Regierung die Hälfte seiner Produktion anbot, stellte Indian, ihre gesamte Produktion um, um die Armee mit Motorrädern versorgen zu können. Als der Krieg endete, waren viele der Indian-Vertragshändler, die mehr als zwei Jahre lang nicht mit Maschinen beliefert worden waren, einen Vertrag mit Harley-Davidson eingegangen.

Somit hatte Harley-Davidson sein Imperium mit nur zwei Modellen, der Silent Grey Fellow und der V2, geschaffen und war um 1920 zum größten Motorradhersteller der Welt geworden. In diesem Jahr verließen 28.189 Motorräder die Werkstore in Milwaukee und wurden an Vertragshändler in 67 Ländern ausgeliefert und von diesen verkauft. Jedoch gab es in den zwanziger Jahren nicht nur bei Harley-Davidson einen enormen Rückgang der Verkaufszahlen, dessen Produktion 1921 auf 10.202 Maschinen fiel. Der Verkauf von Motorrädern wurde zusätzlich durch die Autoindustrie stark beeinträchtigt, insbesondere von Ford, dessen Massenproduktion billige Autos hervorbrachte Zu diesem Zeitpunkt hatte die kleinste Harley-Davidson 1000 ccm Hubraum, jedoch glaubte die Firma daran, dass es einen Markt für preisgünstigere Transportmittel gab. Eine 350 ccm Einzylinder Maschine wurde produziert, die die Amerikaner jedoch nicht zum Kauf verführte, obwohl dieses Motorrad ein erfolgreiches Exportmodell war und half, die Firma in den zwanziger Jahren wirtschaftlich über Wasser zu halten. Die1000er und 1200 ccm Maschinen, die Harley-Davidson produzierte, mögen für einige Fahrer zu schwerfällig gewesen sein, aber ein 350 ccm Maschine schien jedoch zu klein.

Ein gefeierter Kompromiss kam 1929 mit der Einführung der 750er zustande. Aber kaum hatte sich das Unternehmen von den Problemen des letzten Jahrzehnts erholt, da drohte der Börsenkrach von 1929 es ganz und gar auszulöschen. Mit Ausnahme von Indian, stellte tatsächlich jeder amerikanische Motorradhersteller bis 1931 seine Produktion ein. Mit dem Zusammenbruch der amerikanischen Wirtschaft fiel Harley-Davidsons Produktion innerhalb von fünf Jahren von 22.350 auf 3.703 Maschinen. Was die Sache noch schlimmer machte, war, dass die 750er und das 1200 ccm (74 cu in) Modell V, welches sie im folgenden Jahr herausbrachten, unter mechanischen Schwächen litten, die dem Ruf Harley-Davidsons schadeten. Gerade als es so schien, als ob das Schlimmste vorbei wäre, verlor das Unternehmen ein Gerichtsverfahren, wegen eines Verstoßes gegen das Urheberrecht, und musste 1,1 Millionen Dollar auszahlen. Harley-Davidson gelang es, sich über Wasser zu halten, in dem es sich energisch um Rahmenabkommen mit der Polizei und Regierungsbehörden bemühte. Sobald die technischen Fehler bei der 750er und beim Modell V jedoch behoben waren, erholte sich ihr Ruf wieder. Seit dem Ersten Weltkrieg hatte fast jede Harley-Davidson einen Überzug aus

Das Nachkriegsinteresse am Motorradfahren war enorm groß und zusammen mit den Indian Motorrädern und ihrer 1200 ccm Chief in limitierter Auflage war die E und EL Knucklehead (1000 ccm) König unter den Bikes. Da es die größere F und die FL (1200 ccm) nur in limitierter Auflage gab, sind die kleineren Versionen der Knucklehead am stärksten verbreitetet.

grüner Farbe getragen, den sogenannten „olive drab“, die Standardfarbe ihrer Militärmaschinen. Anfänglich war es eine Modefarbe gewesen, aber nach 15 Jahren war diese Farbe verständlicherweise eher monoton geworden, genauso wie das Standardgrua zuvor. Mit dem Einsetzen der Depression jedoch, konnte man plötzlich Harley-Davidsons praktisch in jeder Farbe bestellen und jedes Jahr wurde ein neues Art-deco- Design für den Benzintank entworfen. Bis 1936 war Harley-Davidson darauf spezialisiert, Motorräder mit großvolumigen Seitenventilmotoren zu produzieren. Diese hatten einige Vorteile gegenüber anderen Motorformen, sie waren aber, im Vergleich zu Motoren mit obengesteuerten, hängenden Ventilen (OHV-Motoren), eher langsam. Die 61E, die in jenem Jahr auf dem Markt erschien, war die erste OHV-V-Twin, von Harley. Ihr 1000 ccm (61 cu in) Motor konnte bis zu 50% mehr Leistung erbringen als sein Vorgänger im Modell V, was durch eine getunte 61E, die mit 217 km/h einen neuen amerikanischen Geschwindigkeitsrekord aufstellte, demonstriert wurde. Es dauerte nicht lange bis die 61E liebevoll „Knucklehead“ genannt wurde, nach der Form der Kipphebeldeckel oben auf dem Motor, die den Knöcheln einer Faust ähnelten. Auch ihre Nachfolger, die Panhead von 1948 und die Shovelhead von 1966, wurden unter ihren Spitznamen bekannt, weil die Kipphebelgehäuse (Rockerboxes) ihrer Motoren umgedrehten Bratpfannen bzw. Rückseiten von Schaufeln glichen! Die Einführung der Knucklehead erfolgte zeitgleich mit einer Schwemme britischer Motorräder, die Mitte der 30er Jahre in die Staaten importiert wurden.

Der Zweite Weltkrieg stoppte diesen Handel. Doch nur einige Jahre nach dem Ende des Krieges stammten bereits ein Drittel aller neuen Motorräder, die in den U.S.A. verkauft wurden, aus dem Ausland. Die 500 ccm OHV Triumphs und Nortons, die in Amerika ankamen, waren nicht nur billiger als Harley-Davidsons 750er, sondern waren gut 32 km/h schneller. Fürs erste jedoch entschied sich das Unternehmen, diesen Mittelklasse-Markt zu ignorieren und die Produktionsentwicklung wurde auf die „Big Twins“ ausgerichtet. Nur kurze Zeit bevor die Vereinigten Staaten in den Zweiten Weltkrieg verwickelt wurden, ging die Kontrolle über das Unternehmen auf die nächste Generation der beiden Familien über. Eines ihrer ersten gemeinsamen Projekte ist zum Inbegriff der Harley-Davidson selbst geworden. Die 1948er Panhead ersetzte den manchmal problembehafteten Knucklehead-Motor, dessen Mängel, Überhitzen und Schmierungsprobleme korrigiert wurden.

Am anderen Ende der Modellskala führte Harley-Davidson 1947 eine 125 ccm Zweitakt-Maschine ein, die in direkter Konkurrenz zu mehreren englischen Modellen stand. In der mageren Nachkriegszeit stellte sie ein günstiges Fortbewegungsmittel dar. Der Einzylinder-Zweitaktmotor blieb in verschiedenen Ausführungen bis einschließlich 1978 Bestandteil der jährlichen Modellreihe.

Nach dem Debüt der 883 ccm XL Sportster im Jahr 1957, kam mit XLCH eine noch brutalere Version auf den Markt. Auf Anregung einiger Harley-Davidson Händler wurde diese Maschine ursprünglich als Rennversion ohne Beleuchtung und Batterie verkauft. Sie war jedoch so begehrt, dass Straßenversionen produziert wurden. Die 1962er Modelle waren die schnellsten, die hergestellt wurden. Sie legten die Viertelmeile (0,4 km) in 14,3 Sekunden zurück und erreichten eine Höchstgeschwindigkeit von 193 km/h, womit sie weit vor der Konkurrenz lagen.

Das wachsende Nachkriegsselbstbewusstsein der Nation in den frühen fünfziger Jahren und der bevorstehende Niedergang der Indian-Motorräder, hätte Harley-Davidson eigentlich eine reiche Ernte bescheren sollen. Statt dessen wurde diese von den Briten verdorben, die nicht nur den Markt für mittlere Maschinen, sondern auch Marktanteile im Verkaufssegment der Panhead an sich rissen. Harleys Antwort folgte 1952 mit dem Modell K, einer 750 ccm Maschine, die die Invasoren zurückdrängen sollte. Die K kam mit einigen, für das Unternehmen grundlegenden Neuheiten, auf den Markt. Sie hatte Handkupplung und Fußschaltung und eine Hinterradschwinge mit Federbeinen, genau wie die importierten Maschinen. Dennoch hatte auch diese Maschine einen Seitenventilmotor, der im Vergleich zu den OHV-Motoren ausländischer Importe geradezu erbärmlich untermotorisiert war. Getunte Versionen der K sowie eine Hubraumvergrößerung auf 883 ccm hielten die Verkaufszahlen auf einem respektablen Niveau. Sie wurde 1957 durch die Sportster, eine 883er OHV, die das fremde Pack besiegen konnte, ersetzt. Die Firma musste Mitte der sechziger Jahre mit den, auf den amerikanischen Markt drängenden, britischen und japanischen Motorrädern konkurrieren. Diese waren oft billiger, zuverlässiger und technisch ausgeklügelter als Harleys und so war es nicht sehr erstaunlich, dass der Marktanteil des Unternehmens auf winzige 6% schrumpfte. Zwei Drittel dieses Anteils machten ihre leichten Maschinen aus. Den Versuch verlorenen Boden wieder gut zu machen, unternahm Harley 1966, in dem man die Panhead nach 17 Jahren auf den neusten Stand brachte und aus ihr die 1200 ccm Shovelhead wurde.

Dieses Model der Spitzenklasse brachte, wie die Panhead zuvor, alle wesentlichen Merkmale eines Touring-Bikes mit. Doch sein Gewicht war jetzt auf 363 kg angewachsen, wodurch das Motorrad nur noch gerade so 152 km/h schaffte. Die Maschine war perfekt zum Cruisen.

Die KH, gebaut von 1954-56. Der größere Hubraum von 883 ccm der KH verhalf bei diesem Model, das mit einer Spitzengeschwindigkeit von 152 km/h 24 km/h schneller war als das 750 ccm Modell K, ein gewisses Maß an Glaubwürdigkeit wiederherzustellen.

Seit den frühen sechziger Jahren wuchs ein Phänomen heran, das man heute Customizing nennt. Dabei wird ein Motorrad, den individuellen Wünschen des Kunden entsprechend, umgebaut. In dem man eine Panhead oder Shovelhead nahm und alles überflüssige an Gewicht sowie das Touring-Zubehör entfernte, dann einige radikale Teile hinzufügte, konnte ein Fahrer eine leichtere, persönlichere Maschine kreieren. Harley-Davidson lehnte dieses Treiben jedoch ab. Diese Zurückhaltung trug zweifelsfrei zu den finanziellen Problemen bei, unter denen die Firma litt.

Als die Raubtiere der Korporation begannen, Interesse zu zeigen, bot der Börsengang von 1965 und dann der Verkauf von Harley-Davidson Aktien einen kurzfristigen Aufschub. Vier Jahre später jedoch wurde klar, dass die einzige Überlebenschance für Harley-Davidson darin lag, die Kontrolle über die Firma aus seinen Händen zu geben. Nach 66 Jahren als Familienunternehmen wurden Harley-Davidson von der American Machine and Foundry Company (AMF) übernommen. Als Mischkonzern, der ein großes Interessenspektrum besaß, war AMF in keinster Weise an Motorrädern interessiert. Dennoch investierte der Konzern wesentlich, um Harley-Davidsons Produktionsverfahren auf den neusten Stand zu bringen. Das von AMF geleitete Unternehmen begann, die große Nachfrage nach Custombikes zu berücksichtigen. 1971 produzierte AMF-Harley die FX-Serie, die erste von mehreren neuen Modellen, die, mit einem Anstieg an verkauften Maschinen von 26.000 auf 70.000 innerhalb von fünf Jahren, zu einem wahren Verkaufsboom führte. Unglücklicherweise hielt die Qualitätskontrolle mit dieser Entwicklung nicht Schritt und der Ruf unzuverlässig zu sein, begann ihr Image zu schädigen. Harley-Davidson war immer ein Familienunternehmen gewesen und hatte seinen Kunden das Gefühl gegeben, ein Teil dessen zu sein. Nach der Übernahme jedoch, nahm AMF das Unternehmen lediglich als eine weitere Gesellschaft wahr, die mit einem Produkt handelte, das dem Konzern nichts bedeutete.

Nach der Übernahme verblieb noch eine Anzahl von Nachkommen der Firmengründer in Senior-Positionen. Sie sahen sich jedoch zunehmend an den Rand gedrängt und machtlos. AMF verlor bald wieder das Interesse an der Motorradindustrie. Obwohl sie Gewinne machten, stellten diese nur einen winzigen Anteil im Vergleich zu ihren anderen Geschäftseinnahmen dar. Von der Erwartung ausgehend, ein anderes, großes Firmenkonsortium nähme es ihnen aus den Händen, wollte sich AMF, elf Jahre nach ihrer optimistischen Übernahme, aus dem Motorradgeschäft zurückziehen. Stattdessen, boten eine Reihe von AMF-Harley-Davidson Managern an, – unter ihnen auch Willie G. Davidson, ein Enkelsohn von einem der Firmengründer – das Unternehmen für 80 Mio.$ zurückzukaufen. Ein Bankenkonsortium unterstützte sie und als der Handel abgeschlossen war, konnten die neuen Besitzer die Kunden wieder für Harley-Davidson begeistern.

Während der AMF-Ära, begann die Entwicklung eines Motors, der den Shovelhead ersetzen sollte. Es wurden Tests mit einem wassergekühlten V-Vierzylinder durchgeführt. Eine Konstruktion, die zu einem leiseren, kühleren und leistungsstärkeren Motor führen sollte. Dennoch war es nicht sehr wahrscheinlich, daß dies jene Motorradbegeisterten ansprÄche, für die ein Harley-Davidson Motor ein luftgekühlter 45 Grad V -Twin zu sein hatte, ganz so wie die erste V2 und alle anderen nach ihr. Glücklicherweise wurde in den späten siebziger Jahren ein anderer Motor entwickelt und die neuen Firmeninhaber wussten genau was ihre Kunden wollten.

Die V4 legte man zu den Akten und 1984 wurde unter großem Zuspruch eine moderne V2 Version vorgestellt. Die 1340 ccm Evolution, so benannt, weil sie aus dem Shovelhead-Motor hervorgegangen war, ist ein absoluter Anachronismus in der modernen Motorradwelt. Ihr Motor weist viele mechanischen Ähnlichkeiten zur Knucklehead auf, die ein halbes Jahrhundert zuvor erschienen war, während viele der jetzigen Modelle, die vom Evolution-Motor angetrieben werden, ganz bewusst so designt werden, dass sie genauso alt aussehen: Zur perfekten Verbindung aus Technik und Nostalgie.

Harley-Davidson schien zeitweise nur zurückzuschauen. Solange ein Schritt seitwärts möglich war, zögerte das Unternehmen oft, einen mutigen und progressiven Schritt nach vorn zu tun. Jedoch ohne diesen konservativen Stil, hätten sich Harley-Davidsons wahrscheinlich zu Motorrädern weiterentwickelt, die nicht von ihren seelenlosen Zeitgenossen zu unterscheiden wären. Es ist heute offensichtlich, dass Harley-Davidson seinen Respekt vor der Vergangenheit noch bewahrt und das Gefühl für Kontinuität und Tradition, die die Merkmale eines Familienunternehmens ausmachen, nicht vergessen hat.

Diese wunderbaren Maschinen wie ihre Fahrer feiern den Triumph eines individuellen Ausdrucks über monotone Konformität.

Das Servi-Car war eine beliebte Wahl/Modellvariante für Lieferfirmen und Polizeieinheiten; es war mit einem Rückwärts- und drei Vorwärtsgängen ausgestattet. Die Kofferraumbox bestand ursprünglich aus Metall, wurde dann jedoch in seinen letzten Jahren durch eine Fiberglas-Einheit ersetzt.

DIE FRÜHEN JAHRE

Die ersten Einzylinder und V-Twins

Bill Harley und die drei Davidson Brüder waren nicht die einzigen jungen Männer, die mit Motorrädern experimentierten. Der Einzylinder De Dion Motortyp funktionierte so gut, dass er von den meisten Konstrukteuren zu Beginn des 20. Jahrhunderts benutzt wurde. Harley-Davidsons erster Prototyp hatte nur 167 ccm. Zu klein, um von praktischem Nutzen zu sein. Die Größe des zweiten Prototyps von 1903 betrug 405 ccm, was für die damalige Zeit viel war. Er besaß einen größeren Motor als die meisten Konkurrenzmaschinen und läutete damit einen Trend ein, der immer noch Anwendung findet. Auch im allgemeinen war er besser konstruiert.

Technische Innovation und Entwicklung erfolgten in diesen Jahren mit hoher Geschwindigkeit und der Silent Grey Fellow setzte beständig neue Maßstäbe. 1918 war aus dem motorisierten Fahrrad ein Dreigangmotorrad geworden, das es auf 80 km/h brachte. Harley-Davidsons zweites Modell, das ab 1909 erhältlich war, trug einen 45 Grad V-Zweizylindermotor in seinem Rahmen. Seit diesem Modell hat das Unternehmen immer einen V-Twin in seiner Reihe gehabt.

Genau wie der Einzylinder besaß diese Maschine keine Spannvorrichtung für den Lederriemen. War dies bei den kleineren Motorrädern kein Problem, so führte das größere Leistungsaufkommen der V2 zum Durchrutschen des Lederriemens.

Dieser Nachbau der ersten Harley Davidson zeigt, wie ähnlich sie noch einem Fahrrad war. Sogar ihre Höchstgeschwindigkeit von 40 Km/h konnte im althergebrachten Stil gebremst werden – durch den Rücktritt in die Pedale

Als das Modell 1911 mit einem Riemenspanner wiedereingeführt wurde, war es besser ausgestattet, um mit dem 7 PS Motor fertig zu werden. Außerdem hatte Harley-Davidson jetzt ein Motorrad, das einen Seitenwagen mitführen konnte.

Im darauffolgenden Jahr kam der praktischere Kettenantrieb, der belastbar genug war, um mit der Leistungs- und Hubraumvergrößerung auf 1000 ccm 1914 und auf 1200 ccm 1922 fertig zu werden.

Leistungsvermögen und Entwicklung des „F head" Motors erreichten 1929 ihren Höhepunkt als dieser Typ mit einer Magnetzündanlage wie das 1000 ccm Model F und die 1200 ccm FD erhältlich wurde, oder elektrisch wie die J oder die JD ausgestattet war.

Während der letzten zwei Produktionsjahre erhielt der Motor eine zweite Nockenwelle. Für die viel gepriesenen „Two Cammers", JH und JDH, setzte das Unternehmen die Hochleistungstechnik ihrer Rennmaschinen ein. Diese Maschinen erzielten vielleicht höhere Geschwindigkeiten als andere Motorräder, ihre eigenwillige Zuverlässigkeit bedeute aber auch, daß sie manchmal nicht ankamen.

Gegenüber: *1912 war das letzte Jahr, indem automatische Einlaßventile bei sämtlichen Silent Grey Fellows benutzt wurden. Im folgenden Jahr wurden die V-Zweizylinder mit mechanischen Einlaßventilen versehen, die die Ära der F-Head-Motors einleiteten.*

HARLEY-
DAVIDSON

Die Silent Grey Fellow

Oben: Abgesehen von einer kleinen Anzahl schwarzer Motorräder in den Anfangsjahren und grünen Exemplaren gegen Ende, gab es den Einzylinder nur in grau (Bild: Fellow von 1912). Der Kunde konnte nur die Farbe der Linierung auf der Maschine auswählen.

Rechts: Der Hubraum des Einzylinders dehnte sich von anfangs 405 ccm (1903) auf schließlich 565 ccm aus. Dieser Motor von 1912 ist eine 494 ccm Version, der Übergang zwischen den beiden.

Gegenüber: Der 1912er Einzylinder wurde das erste Mal mit einer Kupplung ausgestattet, die durch einen zweiten Hebel, der sich links hinter dem größeren Riemenspanner befand, kontrolliert wurde. Sobald man mit den Pedalen den Motor angeworfen hatten, war ein angenehmerer Start möglich.

Die ersten V-Twins

__Oben:__ Die 1928er JDH. Die Maschine mit zwei Nockenwellen war eine straßentüchtige Version der JD, die von Entwicklungen bei den Rennmaschinen profitierte. Wenn sie korrekt zusammengebaut wurde, konnte sie an die 160 km/h heranreichen, womit sie schneller als jedes andere Serienmotorrad war. Unglücklicherweise neigte sie zum Überhitzen.

__Oben rechts:__ Die Two Cammer war eine schlanke Maschine. Sie hatte kleinere Tanks, kürzere Lenker und 5 cm kleinere Räder als die ruhigere JD.

__Rechts:__ Die JD (hier ein Beipspiel von 1925) wurde gebaut, um mit der 1200 ccm Chief von Indian zu konkurrieren. Mir einem größeren Drehmoment, einer größeren Beschleunigung und höheren Geschwindigkeit als ihr 1000 ccm Vorgänger, war diese Maschine ideal für das Ziehen eines Seitenwagens. Ein wunderbarer Vorteil für Fahrer, die während der Prohibitionsjahre schnell ihren illegalen Alkohol transportieren wollten.

HARLEY-DAVIDSON

HARLEY-DAVIDSON
SCHEBLER

Oben: Die 100ccm V-Zweizylinder mit dem quadratischen Tank wurde einschließlich bis 1915 gebaut. In jenem Jahr wurde die Dreigang-Schaltung eingeführt, die mit dem Hebel links am Benzintank bedient wurde.

Rechts: Diese V-Zweizylinder würde sofort an Wert verlieren, wenn sie nur einen Hauch von Politur riechen würde. In Harley-Davidsons frühen Jahren dokumentierte man nicht immer vollständig in welchen Streifen- und Farbvarianten ihre grauen Motorräder fertiggestellt wurden.

Gegenüber: Die V2 von 1914. Die Zündkerzen lagen in den Ventilkammern (oder Pockets) der F-Head, daher stammt auch er Begriff „Pocketvalves“, der oft für diese Motoren benutzt wurde.

ÜBERLEBEN DER DEPRESSION

Die 750er, die V und die U

Die Zeit kam, die „F Head" Motoren durch eine technisch fortgeschrittene Konstruktion zu ersetzen, doch anstatt sich für einen OHV-Motor zu entscheiden wie immer mehr ausländische Hersteller es taten, wählte Harley einen Seitenventilmotor.

Der erste von diesen war der 750er, Harley-Davidsons Konkurrenzmodell zur Indian 101 Scout. Jedoch war er im Vergleich zu schwer und untermotorisiert und mußte zwei Modellwechsel durchlaufen – die Modelle D (1928-1931) und R (1932-36). Die spätere 750 ccm wurde schließlich 1937 zur W, nachdem sie eine Ölumwälzpumpe und einige stilistische Veränderungen erhielt, die mit der Knucklehead ein Jahr zuvor eingeführt worden waren. Für die 750er Solo war 1951 das letzte Baujahr. Aber das dreirädrige Servi-Car, welches 1932 erschienen war, wurde noch bis 1974 in den Firmenbüchern geführt. Der 750er war niemals wirklich ein kraftvoller Motor und durch das Zusatzgewicht des Servi-Cars nicht für Erholungszwecke geeignet. Als Nutzfahrzeug jedoch, das den ganzen Tag in der Stadt herumfahren konnte, war es in seinem Element.

Wie die 750er litt auch die 1200 ccm Modell V unter mechanischen Problemen als sie 1930 in den Verkauf ging; und die Produktion ruhte, bis die Fehler korrigiert waren. Es half nichts, die Maschine zu Beginn der Depression mit dem Slogan „größte Leistung in der Geschichte des Motorrads" herauszubringen. Sie konnte, während ihrer verbleibenden sechs Produktionsjahre, nie ihren Ruf, unzuverlässig zu sein, überwinden.

Als sie die Fabrik verließ, mag die V unausgereift gewesen sein. Wie bei der 750er zuvor, gab man dem Modell V 1937 viele Merkmale der neuen Knucklehead. Sie wurde zum neuen Modell U.

Zu diesem Zeitpunkt waren alle Konstruktionsfehler korrigiert und dieses Modell war eine sehr zuverlässige Maschine geworden.

Es war eine Tradition, amerikanische Autos und Motorräder mit Seitenventilmotoren zu bauen. Diese „Flatheads" besaßen eine loyale Gefolgschaft, welche der Firma half, die schwierigen Jahre bis 1942 zu überstehen. Kurz nach Ende des Krieges fand die Produktion der großen Seitenventiler ihr Ende. Die Knucklehead entwickelte sich zu Harley-Davidsons beliebtester Maschine.

Die V brachte ein wenig mehr Leistung als die Two Cammer, aber mit einem Gewichtsnachteil von ca. 54 kg war sie nicht wirklich schneller.

Gegenüber: *Von der 750er wurden um die 88.000 Militärmaschinen von Harley-Davidson produziert; mit ausreichend Ersatzteilen für das zwanzigfache. Bei Kriegsende wurden viele zu Spottpreisen verkauft. Als Konsequenz daraus tauchen diese Maschinen in der ganzen Welt auf, und die Chancen, erfolgreich eine 750er Militärmaschine zu restaurieren, sind nicht so gering wie bei einer U oder Panhead gleichen Baujahrs.*

CAL. .30M1
AMMUNITION BOX

Die 750er

Oben: *Nach seinem eher unglücklichen Start 1929, verwandelte sich die 750er in ein zuverlässiges Arbeitstier und war das ideale Nutzfahrzeug unter den Motorrädern. Dieses Modell wurde als Pannenhilfenfahrzeug in Holland benutzt.*

Links: *Diese 750er der Militärpolizei trägt ein Gewehr in einem Halfter, der an einer Seite der Vordergabel mit einem Lederriemen festgemacht ist und einen Munitionsbehälter an der anderen.*

Gegenüber: *Auf den ersten Blick sieht die 750er Harley den größeren Seitenventilmotoren, der V und U, sehr ähnlich. Der größte Unterschied besteht in der Lage der Endantriebskette, die bei der 750er auf der rechten Seite des Motorrades ist, während die größeren Maschinen sie auf der linken Seite haben.*

PIRELLI TOUR

HARLEY-DAVIDSON

Die V

Oben: *Der Tank des 1934er V Modells zeichnet sich durch das teakrot-schwarze Farbschema aus, eine der beiden Standard-Farbvarianten, die in jenem Jahr erhältlich waren.*

Links: *Das 1936er V Modell. Damit die neue Knucklehead den Seitenventilmotor nicht völlig in den Schatten stellte, wurden 1936 zum ersten Mal ein Vierganggetriebe und einen 1340 ccm Motor eingeführt. .*

Die U

Oben: *Mit der U lief es sehr gut für Harley-Davidson. Als die Depression einsetzte, waren Verkäufe an Polizeieinheiten besonders wichtig und der Konkurrenzkampf mit Indian um diese lukrativen Flottenbestellungen war besonders heftig.*

Rechts: *Die UL von 1947. Laut Harley-Davidson, verwandte man mehr Arbeitsstunden auf das Herstellen eines Zylinderkopfes für einen Seitenventilmotor als Chrysler für das Fertigstellen eines Sechszylinderblocks eines Automobils benötigte.*

HARLEY-DAVIDSON
HARLEY-DAVIDSON

DIE KLASSISCHEN JAHRE

Knucklehead und Panhead

Harley-Davidson hatte eine Reihe von Prototypen mit OHV-Motoren gebaut, aber die Seitenventil-Konstruktion bestand aus weniger Einzelteilen, war günstiger in der Unterhaltung und billiger zu produzieren. Als jedoch ihre Konkurrenten damit begonnen hatten, Motorräder mit OHV-Motoren zu verkaufen, gab das Unternehmen grünes Licht für sein eigenes Projekt.

Mit der Knucklehead von 1936 wurden bei Harley-Davidson viele neue Ausstattungselemente eingeführt und sie war zugleich ihr erstes modernes Motorrad. Der neue OHV-Motor wurde beidseitig von einen Doppelschleifen-Rahmen getragen, anstelle des Rahmens mit einem Unterzug, dem letzten Vermächtnis des Fahrrads. Nach wie vor gab es keine Hinterradfederung am Rahmen, jedoch funktionierte der Federstab, auf dem der Sitz aufmontiert war, immer noch gut. Die Tatsache, daß mehr als sechzig Jahre später noch viele, der einstmals innovativen Merkmale dieses Motors für aktuelle Harley-Davidson Modelle verwendet werden, ist ein Zeugnis der exzellenten Motorenkonstruktion dieser Maschine.

Als die Panhead die Knucklehead 1948 ersetzte, änderte sich, abgesehen vom neuen Zylinderkopf aus Alu, den hydraulischen Stößeln und einer Verbesserung des Schmiersystems, nicht viel.

Der Rest dieses Motorrades stellte eine tadellose Konstruktion dar und blieb weitgegehend erhalten, als es umgetauft wurde. Nachdem die Panhead eingeführt worden war, modifizierte man diese Maschine jedoch jeweils nach ein paar Jahren grundlegend. Als Resultat daraus war 1965 ein deutlich anderes Motorrad entstanden. Nach nur einem Jahr wurde die Springer-Gabel durch eine Telegabel ersetzt. Von 1952 an wurde eine Modellvariante mit Fußschaltung und Handkupplung angeboten. Zwei Jahre später ersetzte man den Rahmen durch einen neuen. Ab 1955 gab's verstärkte Kurbelwellen und geänderte Gehäuse. Eine Hinterradfederung wurde 1958 hinzugefügt und im letzten Baujahr kam noch ein E-Starter hinzu.

***Oben:** Die Knucklehead besaß zwei Benzintanks zwischen denen sich das Instrumentenbrett befand.*

***Gegenüber:** Die 1946er Knucklehead. Von 1940 an wurden die, auf den Benzintank auflackierten Art-deco-Firmenlogos durch Schriftzüge aus Chrom ersetzt.*

HARLEY-DAVIDSON

Die Knucklehead

Oben: *Das neue Ölumwälzsystem der Knucklehead ersetzte jenes, das bei frühen Seitenventilern zum Totalschaden führen konnte. Schon bald nach dem Verkaufsstart gab es zahlreiche Berichte über sehr geringe Kilometerleistungen sowie über Ölverluste durch Lecks. Beides wurde im folgenden Jahr behoben.*

Rechts: *Die 1939 EL 1000 ccm. Die EL, die sportlichere der beiden 1000 ccm Versionen, war „ehrliche“ 152 km/h schnell, während die 1200er FL, die magischen 100 Meilen (160 km/h) erreichen konnte.*

HARLEY-DAVIDSON

BOVRIL

Die Panhead

Oben: *Die 1965er Electra Glide. In ihrem letzten Baujahr kam die Panhead mit einem E-Starter, angetrieben durch eine riesige Batterie, die unter dem Sitz angebracht war, auf den Markt. Das Extragewicht dieses neuen Zwölf-Volt-Batteriesystems kam zum Leergewicht von 355 kg der Maschine hinzu.*

Rechts: *Die Panhead von 1948. Die Panhead wurde nur im ersten Jahr mit der traditionellen Springergabel versehen und war in einem kräftigen Azurblau erhältlich.*

Gegenüber: *Die 1964er Duo-Glide. Für die Panhead war 1964 das letzte Jahr mit „nur" Kickstart. Das Starten selbst konnte manchmal zur kniffligen Angelegenheit werden.*

__Oben:__ Die Duo-Glide von 1959. Harley-Davidsons „big twin“ bekam 1958 endlich auch eine Federung am Heck - daher der Name „Duo“. Die Plastiksatteltaschen waren eine stabilere Alternative gegenüber den verzierten aus Leder.

__Rechts:__ Die 1953er Hydra-Glide. Die Produktion der 1000 ccm Panhead wurde 1951 eingestellt, da die Kostendifferenz zwischen ihr und der größeren 1200 ccm Version minimal war.

Links: *Die Probleme der Ölzirkulation und des Ölverlusts bei der Knucklehead wurden nie ganz gelöst; erst die Panhead brachte Besserung. Den Motor mit gusseisernen Zylindern, Aluminiumzylinderköpfen, und innenliegenden Ölleitungen auszustatten, half das Öl im Innenraum zu halten und trug zur Kühlung des Motors bei.*

Unten: *Die Hydra-Glide. Als Harley-Davidson 1949 seine ersten Teleskop-Gabeln für eine „big twin" verwandte, begann das Unternehmen damit, seinen Motorrädern Namen zu geben. Das erste Modell, dass mit einem Namen und einem Referenzbuchstaben getauft wurde, war die Hydra-Glide.*

HALBSCHWERGEWICHTE

Die K und die Sportster

Viele hatten den Eindruck, dass Harley-Davidson vom Nachkriegszustrom englischer Motorräder überrascht worden war. Die überstürzte Antwort des Unternehmens war die K von 1952, die untermotorisiert und in nahezu jeder Hinsicht unterlegen war. Der einzige Trost war die neue Einheitskonstruktion des Motors, bei dem Kurbelgehäuse und Getriebe eine Einheit bildeten.

Laut offizieller Quellen wurde die K eingeführt, nachdem man sich bei der Entwicklung eines in 60° Stellung stehenden 883 ccm V-Twin zeitlich verkalkuliert hatte. Dieses Modell sollte nur eine Übergangslösung sein, bis ein moderner Ersatz fertiggestellt war. Aber das passierte erst nach fünf Jahren und die K musste bis 1957 das Interesse der Kunden an Harley-Davidson aufrechterhalten. Dennoch half es, dass die K 1954 von 750 auf 883 ccm vergrößert und zur KH wurde und dass es nun ebenfalls andere sportlichere Versionen gab. Die 883 ccm XL Sportster war ursprünglich eine K, deren Motor in einen OHV-Motor umgewandelt worden war. Nur ein Jahr später, als die furchteinflößende XCLH erschien, war die ursprüngliche Ähnlichkeit zwischen den beiden Motorrädern kaum mehr wahrnehmbar. Diese Maschine lag auf der Straße weit vor fast allen Motorrädern, bis sie schließlich 15 Jahre später von den britischen und japanischen Herstellern eingeholt wurde. Der traditionellen Vorgehensweise des Unternehmens entsprechend, erzielte man eine größere Leistung, in dem man den Motor auf 1000 ccm vergrößerte. In den späten siebziger Jahren, wurde die Popularität dieses Modells aufrechterhalten, in dem man leicht veränderte, sogenannte Custom-Motorräder, anbot.

Die Sportster verblieb nach ihrem Verkaufsstart mehr als vierzig Jahre im Modellangebot des Unternehmens, heute allerdings mit dem Evolution-Motor. Basierend auf der Original Sportster, erschien 1986 der neue Aluminiummotor, der sich als ebenso zuverlässig erwies wie sein größerer „Bruder“.

Oben: *Die XR 1000 war eine Version der Sportster, die nur zwei Jahre lang, 1983-84, auf dem Markt blieb. Diese, offiziell für den Straßenverkehr zugelassene Maschine, basierte auf der XR-750, die sehr erfolgreich bei Sandbahnrennen war und die wie die Rennversion einen Vergaser pro Zylinder auf der rechten Seite und die Auspuffrohre hoch oben auf der linken Seite trug.*

Gegenüber: *Elvis Presley frönte nicht nur seiner Leidenschaft für Cadillacs. Diese 1956er KH war eine von mehreren Harleys, die er besaß.*

ELVIS PRESLEY
KING CREOLE
AT HIS GREATEST
Jailhouse Rock
Harley-Davidson

Die K

Oben: *Die KH, 1954-56. Mit der K wurden viele neue Entwicklungen eingeführt, die bei britischen Motorrädern bereits Standard waren, so z.B. eine Verbindung aus linker Handkupplung und rechter Fußschaltung, einer Schwinge sowie Hinterradfederung.*

Rechts: *Die 750 ccm KR Dirt Track Racer. Die Rennversion des K-Motors (das R steht für Racer) sah, von außen betrachtet, wie die Straßenmaschine aus. Viele der innenliegenden Bauteile besaßen jedoch keinerlei Beziehung zu dieser Maschine. Im Motorinneren mit einigen „heißen“ KR Bauteilen versehen, wurde die K zur KK - einer weiteren, schnelleren Straßenversion.*

Links: *Die KH 1954-56. Im letzten Produktionsjahr der KH wurden nur 539 Maschinen verkauft. Die KHK war die populärere der beiden Versionen, aber sogar von diesem Modell wurden nicht viel mehr verkauft. Der Wandel vollzog sich als 1957 der Blockmotor (unit construction engine) in einen OHV-Motor umgewandelt wurde.*

Unten: *Die 1956er KHK. Die K ebenso wie die KH waren für ihre Größe untermotorisiert. Sie wurden jedoch grundlegend verbessert als durch den Einsatz von Bauteilen, die in der Rennabteilung entwickelt worden waren, zwei neue Versionen beider Motoren entstanden – die KK und die KHK.*

Harley Davidson
1200

Die Sportster

***Oben:** Die XL Sportster. Alle modernen Harleys besitzen ein enormes Potential im Tuning Bereich. Der Sportster wurde mit einem leistungsvergrößernden Tuningsatz versehen, der Zündung, Nockenwellen, Auspuff, Vergaser und Bremsen ersetzte und kosmetische Veränderungen beinhaltete wie z.B. den Tank und die Sitzbank.*

***Links:** Die 1968er XLCH. Der Peanut Tank wurde über die XLCH in die Sportster-Modellreihe eingeführt. Die Instrumente wurden auf den Lenker oder oben auf den Scheinwerfer montiert, um zu vermeiden, dass diese schlanke Maschine in irgendeiner Art und Weise überladen wurde.*

***Gegenüber:** Die 1996er XL1200C. Die neue Sportster Custom und 1200S Sport sind die Spitzenmodelle der Sportster von heute. Die tiefergelegte Federung der Sportster-Custom gibt der Maschine eine lang geschwungene Form und somit ihr elegantes Aussehen. Die Sportversion hingegen gibt es mit praktischerem Styling – höheren Reifen, Bremsen und Federung.*

PERSÖNLICHKEITSSPALTUNG

Die Shovelhead

Für die Konstruktion des Shovelhead-Motors bediente sich das Unternehmen einer Technik, mit deren Hilfe bereits die Knucklehead durch die Panhead ersetzt worden war: Sie installierten neue Zylinderköpfe auf einen bereits bestehenden Motor. Diese neuen Köpfe waren immer noch aus Aluminium und hatten außenliegende Ölleitungen wie die späten Panheads, jedoch ersetzten jetzt sogenannte Rocker-Boxen die Ventildeckel.

Die 1966er Shovelhead war ein Tourenmotorrad, dessen Übersetzung eher für komfortables Cruisen als für hohe Geschwindigkeiten ausgelegt war. Während Harley-Davidson jedoch die späten Sechziger darauf verwandte, die Touring-Qualitäten der Shovelhead zu verbessern, entfernten andere so viel Ballast wie möglich.

Schließlich hörte Harley auf die Biker, die weder ein schweres Tourenmotorrad noch eine Sportster haben wollten. Das Ergebnis war die FX Serie (das F von der FL Tourer und das X von der XL Sportster), bei der alle Touring-Teile entfernt und der Rest mit der Vorderfront der Sportster verbunden wurde. Diese Mischform war so erfolgreich, dass sie, was die Verkaufszahlen betraf, die Touring-Maschinen der Spitzenklasse in den Schatten stellte. Andere Custom-Versionen folgten, die sogar noch stärker den Stil der extremen Chopper, die von vielen Motorradfreaks gebaut wurden, kopierten.

Links: *Die ersten Shovelheads waren modifizierte Versionen der Generator-Panheads. Die Veränderung kam 1970 als der Gleichstromgenerator ausgetauscht und durch einen Wechselstromgenerator (Alternator) ersetzt wurde. Der Nockenwellendeckel erhielt eine konische Form. Diese späteren Alternator Shovelheads sind auch unter dem Begriff cone-engines bekannt.*

Gegenüber: *Befreit von ihrem Windschutz, dem Top Case und den Satteltaschen, bekam die FLH ein völlig neues Aussehen.*

HARLEY-DAVIDSON
ELECTRA GLIDE

AMF Harley-Davidson

Oben: *Die 1971er FX Super Glide. Das war das erste Motorrad Harley-Davidsons, das den Liebhaber von Custom-Motorrädern als Zielgruppe hatte. In dem man das schmale Vorderteil der Sportster mit dem Rahmen und Motor der Electra Glide verband, entstand eine perfekte Verbindung aus zwei Modellen. Die Sitzbank aus Fiberglas hingegen, war keine populäre Ausstattungsvariante und wurde 1972 durch eine konventionelle ersetzt.*

Links: *Die FX Super Glide. Die bundesstaatlichen Gesetze begannen in den siebziger Jahren, Harley-Davidsons Konstruktionsstil zu beeinflussen. 1972 wurde es Pflicht, die Fußgangschaltung auf der linken Seite anzubringen. Im folgenden Jahr mussten die Motorräder mit Blinkern ausgestattet werden. Die Motorräder wurden mit Reflektoren an den Vordergabeln versehen.*

Unten: *Die 1976er FLH Electra Glide „Classic". Ein Art-deco Firmen Logo erschien wieder auf den Tanks des 76er Modells.*

Oben: *Der klare Windschutz, der bei der Panhead eingeführt wurde, blieb eine beliebte Ausstattungsvariante für den Shovelhead-Besitzer, der nicht das ganze Touring-Packet mit getöntem Fiberglas-Windschutz und Satteltaschen wollte.*

Links: *Der Shovelhead-Motor wurde 1978 auf 1340 ccm vergrößert. Einen so großen Motor hatte es seit den dreißiger Jahren, als die Produktion der U-Flatheads eingestellt worden war, bei keiner Harley mehr gegeben.*

Gegenüber: *Um die strengen Lärm- und Schadstoffemissionsvorschriften zu erfüllen, wurde 1970 dieser riesige Luftfilter angebaut. Das Aussehen der Auspuffrohre veränderte sich regelmäßig in dieser Phase. Diese Super Glide zeichnet sich durch einen „Zwei-in-Eins“ Auspuff aus.*

AMF
HARLEY-
DAVIDSON
1200

MODERNE ZEITEN

Die Evolution

Der Evolution Motor, der 1984 an die Stelle des Shovelhead-Motors trat, zog mehr Aufmerksamkeit auf sich und brachte mehr Fahrer zu Harley-Davidson als es jedes andere seiner Vorgängermodelle getan hatte. Er war nicht nur zuverlässig und leistungsstark, sondern glich, was Sound und Aussehen betraf, den Motorrädern, die 50 bis 60 Jahre zuvor gebaut worden waren.

Die Modellreihe der Evolution umfasst 12 Modellvarianten – alle mit dem gleichen 1340 ccm Motor. Die Hauptunterschiede liegen im Rahmen sowie in ihrem Design. Die FL-Serie sind die Touring-Maschinen, FXR/D-Modelle sind Motorräder sportlicheren Stils. Die Hinterradfederung der FXS-Modelle ist unter dem Motor versteckt, so dass der Hinterbau des Rahmens starr aussieht. Der Rest dieser Maschine ähnelt der Knucklehead oder den frühen „Choppern".

Luftgekühlte V2-Motoren dieser Größenordnung wurden entworfen als Lärm und Abgaskontrollen noch unbekannt waren. Dennoch haben die Umstellung auf bleifreies Benzin, Leistungsbegrenzungen und das Senken der Emissionswerte dazu beigetragen, die Maschine im Bereich der Richtlinien zu halten. Doch die Entwicklung (Evolution) macht auch vor den Evo-Motoren nicht halt. Der Blockhead wird noch vor der Jahrtausendwende durch den Fathead ersetzt.

Rechts: *Die 1996er FLHRI Road King, Übergangsmodell zwischen den Softail und Dyna Glide Cruisern sowie den Tourern. Windschutz und Satteltaschen können schnell entfernt werden. Sie besitzt ein elektronisch-gesteuertes Einspritzsystem.*

Gegenüber: *Die FLSTN. Jede moderne Harley-Davidson wird von der Firma getauft. Das ist die „Nostalgia", die sich durch stilistische Veränderungen, wie z.B. Weißwandreifen, Shotgun Auspuffrohren, und Rindsledereinsätzen in der Sitzbank unterscheidet.*

HARLEY-DAVIDSON

Oben: *Der 1340 ccm V2-Motor ist die Grundlage des Erfolgs von Harley-Davidson. Seit seiner Markteinführung 1984 hat er sich als zuverlässig und dicht, was das Schmierungssystem betrifft, erwiesen. Dennoch ähnelt er immer noch dem Knucklehead-Motor, auf dem er jedoch nur geringfügig basiert.*

Links: *Der Besitzer dieser Springer Softail hat ihr, durch Schutzbleche, Lackierung, Auspuffrohre und Scheinwerfer, einen sehr persönlichen Ausdruck gegeben. Vergleichen Sie die Frontpartie dieses Motorrades mit der Panhead von 1948, um zu sehen wie wenig sich in fünfzig Jahren verändert hat.*

Oben: Die 1996er FXDWG Dyna Wide Glide. Hochlenker, breite Gabel und vorverlegte Fußrastenanlagen machen dieses Modell zu einem echten Chopper. Die Dyna besitzt einen gummigelagerten Motorblock, um Vibrationen vom Fahrer fernzuhalten, sowie ein verstecktes Ausgleichsrohr an beiden Endtöpfen.

Rechts: Die FXRT/P. Mit der Einführung des Evolution Motors und kamen viele Polizeieinheiten zu Harley-Davidson zurück. Die FXRT/P (das P steht für Polizei) war für den Normalbürger erhältlich. Dieser tat jedoch besser daran, die Polizeileuchten abzudecken und die Sirene abzuklemmen, bevor er sich damit auf die Straße begab.

Unten: Die 1989er FXSTC Springer. Die Spitznamen Knuckle, Pan und Shovel sind vorher für die „big twins“ benutzt worden, um die Zylinderform zu beschreiben. Als man nach einem Namen für diesen Motor suchte, ist man zwar auf „Blockhead“ gekommen, die Firma nannte ihn – Evolution.

ONE WAY
POLICE
MC 20
Harley-Davidson

DIE RENNEN

In ihren Anfängen stellte die Firma eine limitierte Anzahl spezieller Rennmaschinen her, die ausgesuchten Fahrern angeboten wurden. Bis 1921 hatten sie auch ihr eigenes berühmtes Rennteam, die „Wrecking Crew" – Verschrottungsteam - genannt wurde. Nachdem dieses Team mehrfach die Konkurrenz vernichtend geschlagen hatte, wurde es aufgelöst. Erst mit der Einführung der C-Klasse Rennen für Werksmaschinen und ambitionierte Amateure im Jahr 1934 wurde dieses Interesse bei Harley-Davidson wiederbelebt. Es war für die Hersteller wieder rentabel geworden, sich im Renngeschäft zu engagieren und als Konsequenz daraus, wurde die C-Klasse von Profirennfahrern auf Harley-Davidson und Indian Werksmaschinen übernommen. Zu Anfang musste sich das 750er W Modell mit der Indian Scout messen. Nach dem Krieg jedoch waren die britischen Motorräder die größten Rivalen der K.

Während die Straßenversion der K 1956 verschwand, passte das Reglement der C-Klasserennen so gut zu Harley-Davidson, dass das Unternehmen bis 1969 kein neues Rennmotorrad zu entwickeln brauchte. Als die Regeln dann so verändert wurden, dass jede Maschine bis 750 ccm an den C-Klasserennen teilnehmen konnte, wurde die XR-750 eingeführt, um mit den neuen Triumphs und den BSA's zu konkurrieren. Harley-Davidsons waren nie wirklich für Straßenrennen geeignet und als die japanischen Mehrzylinder-Maschinen in den frühen Siebzigern die Rennszene betraten, hielt sich Harley an die Sandbahnrennen, bei denen sie immer noch die Nase vorn hatten.

Seit einiger Zeit fährt Harley-Davidson Rennen mit einem völlig neuem Motorrad, der VR 1000. Rennerfolge mit dieser Maschine würden vielleicht zu einer Straßenversion führen, die es der Firma ermöglichen könnte, erfolgreich den Übergang zum Verkauf von wassergekühlten Motorrädern zu vollziehen. Bisher hatte die VR jedoch viele Pannen und hat die erwarteten Resultate nicht erzielt.

Oben: *Am Ende der achtziger Jahre signalisiert die VR 1000 Harleys Eintritt in die Oberliga der Motorradrennen, dem Superbike Racing. Der wassergekühlte 60° V-Twin mit vier Ventilen pro Zylinder ist völlig anders als jeder andere Harley-Davidson-Motor. Bis jetzt hat sie jedoch keine großen Wettkampferfolge erzielt.*

Gegenüber: *Als die K 1952 als Rennmodell eingeführt wurde, musste sie sehr vielseitig sein. Die KR brauchte einen starren Rahmen für die Sandbahnen und die KRTT brauchte Hinterradfederung und Trommelbremsen für Straßen- und TT-Rennen. Die Rennserien in den Fünfzigern verlangten von Fahrer und Maschine, sich auf Geländestrecken und Straßenrennbahnen zu messen. Diese 750 ccm Seitenventiler mussten mit britischen 500 ccm OHV-Maschinen konkurrieren und gewannen häufig, bis diese 1969 geändert wurden.*

MILWAUKEE
IRON
HARLEY
DAVIDSON

Oben: *Die XR-750 war eine überstürzte Lösung, mit der man auf die Veränderung des Reglements für die Rennsaison von 1969 reagierte. Harley-Davidson brauchte schnell eine konkurrenzfähige Maschine, also nahmen sie die 883 ccm Sportster und verkleinerten den Hubraum auf die geforderte Größe. Das Motorrad war in der ersten Rennsaison überhaupt nicht konkurrenzfähig, aber dann fuhr es in die vorderste Reihe.*

Links: *Der Motor der K-Rennversion war nie der beste. Die KR und KRTT hingegen gewannen in den 17 Jahren, in denen sie an den nationalen Meisterschaften teilnahmen, zwölf Mal. Das war eine Huldigung an Tuner wie Tom Sifton, die immer dann ein bisschen mehr Leistung herausholen konnten, wenn sie gebraucht wurde.*

Gegenüber: *Auf der Suche nach Leistung ist ein großer Motor immer ein guter Anfang. Harley-Davidson ist eine sehr populäre Marke bei Dragsterrennen, obwohl viele, wenn nicht sogar die meisten der Bauteile dieser Maschinen von speziellen Zulieferern stammen.*

RIVERA-PRIMO
S&S
MCCLURE
ACCEL
RIVERA

DIE MASSGESCHNEIDERTE HARLEY

Das Anfertigen gemäß den individuellen Wünschen des Kunden, auch Customizing genannt, ist so alt wie das Motorradfahren selbst.

Motorradclubs waren in den zwanziger und dreißiger Jahren angesehene Organisationen und Customizing beschränkte sich darauf, die von Harley abgesegneten Extras an ohnehin schon überladenen Touring-Maschinen anzubringen. Das änderte sich nach dem Krieg, als eine kalifornische Stilrichtung, genannt „Bobber", populär wurde. Die Leistung konnte gesteigert werden, in dem man alles Übergewichtige entfernte und auch schwere Teile wie das hintere Schutzblech kürzte (so dass es einem kupierten (gestutzten) Hundeschwanz glich, im Englischen mit „Bobber" umschrieben). Darüber hinaus gab es dem Motorrad sowie dem Fahrer ein aufregendes und gefährliches Aussehen. Dieser Stil wurde in dem Film „The Wild One" von 1953 eingefangen, der mehr als andere Filme in den Sechzigern dazu beitrug, diesen Trend noch stärker zu verbreiten, bis „Easy Rider" der Welt den „Chopper" gab, einen noch extremeren und dekorativeren Ausdruck des Bobber-Stils.

Als der Evolution-Motor auf den Markt kam und mit ihm viele Motorradfahrer zu Harley-Davidson strömten, hat das Custom-Motorrad die Vorstellung, dass nur die gesellschaftlichen Außenseiter ihre Maschine individuell verändern, beseitigt.

Links: *Der kalifornische Bay Area Stil entstand aus den Siebzigern heraus, als Custom-Maschinen tiefergelegt wurden. Die Sportster war perfekt als Straßenflitzer geeignet. Unaufdringlichkeit war nie ein Hauptanliegen der Customizer wie dieser vergoldete Motor zeigt.*

Rechts: *In den vergangenen Jahren gab es einen Trend für Bikes mit voluminösen Schutzblechen. Viele der Custom-Bikes zeigen nur noch wenig vom Motorblock.*

Classic
Bike Show
38

__Oben:__ Neue Lackierungstechniken haben die Art und Weise, wie die Oberflächen eines Custom-Motorrads gestaltet werden können, revolutioniert. Morbide Motive sind jedoch nach wie vor beliebt.

__Rechts:__ Während man Chopper in vielen Abenteuerfilmen Mitte der Sechziger Jahre sehen konnte, verbreitete „Easy Rider“ ihr Image weltweit. Um die daraus resultierende Nachfrage befriedigen zu können, musste Harley-Davidson in den Siebzigern seine eigene Hochglanzversion eines Custom-Bikes produzieren. Diese originalgetreuen Nachbildungen der Filmmaschinen waren typisch für das, was damals mit den Panhead-Motoren gemacht wurde.

Oben: *In den letzten Jahren sind Lacke entwickelt worden, die selbst hohen Temperaturen widerstehen und somit ist die Motordekoration nicht länger nur auf einige Metallabdeckungen beschränkt.*

Links: *Das Customizing beginnt mit einer Vision oder gelegentlich mit einem seltsamen Traum. Das Schöne daran ist, dass jede Maschine einzigartig ist und auch nicht notwendigerweise so gebaut wird, dass sie jemand anderen anspricht als den Besitzer.*

__Oben:__ Dieses Custom-Motorrad ist im Stil der frühen „Bobber" gebaut worden, erkennbar am schmalen Vorderrad, dem fehlenden Schutzblech, einem erhöhten Lenker, dem Panhead-Motor und der Springergabel. Es gehört einem Mitglied des Clubs „The Hamsters", dessen Mitglieder die schönsten Custom-Motorräder besitzen.

__Links:__ Beim Customizing geht es um Individualität. Das meint auch Junky Jim, der bei den meisten großen US-Motorradtreffen auftaucht. Das Outfit seiner Maschine ist über Jahre hinweg, durch alles was er unterwegs fand, entstanden.

__Gegenüber:__ Gebaut von dem amerikanischen Zulieferer „Milwaukee Iron", treibt der Shovelhead-Motor ein Motorrad an, das wie eine der frühen Rennmaschinen aussieht.

Harley-Davidson
94

INDEX

American Machine and Foundry Company (AMF), 10-11

„Bobbers", 58, 62

„Chopper", 48, 58, 60

D, 20
Die Davidson Brüder, 6-7, 12
Duo-Glide, 32, 34

Einzylinder, 8, 14-15
Einzylinder Zweitakt Motorrad, 9-10
EL 1000 cc, 30-1
Electra Glide, 33
Evolution, 11, 28, 48-52, 58

„F head" Motor, 12, 20

Die 1996 FLSTF Fat Boy. Die Scheibenräder bringen ausschließlich kosmetischen Nutzen. Der einzige Vorteil besteht darin, daß man sie leichter reinigen kann. Manche behaupten, die Evolution sei so bei Seitenwind nur schwer zu halten.

FL Serie, 48
FLH, 43
FLH Electra Glide „Classic", 45
FLHRI „Road King", 48
FLSTF „Fat Boy", 64
FLSTN „Nostalgia", 49
750er V-Twin, 8, 21-3, 54
FX Serie, 11, 42
FX Super Glide, 44-5
FXDWG Dyna Wide Glide, 52
FXR/D Serie, 48
FXRT/P, 52-3
FXS Serie, 48
FXSTC Springer, 52

Harley, William (Bill) S., 6-7, 12
Hydra-Glide, 34-5

Indian, 8, 10

JDH, 12, 16
JH, 12, 17
Junky Jim, 62

K, 10, 36, 54-6
KH, 10, 36, 37-9
KHK, 39
Knucklehead, 8, 9, 20, 28-30, 48
KR Dirt track racer, 38

Milwaukee Iron, 63

OHV engine, 28

Panhead, 9, 10, 28, 32-5

Presley, Elvis, 37

R, 20
Rennen, 54-7

Servi-Car, 11, 20
Shovelhead, 9-11, 42-7
Silent Grey Fellow, 7, 8, 12, 14-15
Sportster, 10, 58
Springer Softail, 50-1

Two Cammer, 12, 16

U, 20, 26
UL, 26-7
Ultra Classic Electra Glide, 7

V, 20, 24-5
V twin, 7, 8, 12, 18-19
V2 engine, 51
VR 1000, 54

W, 20
WL, 64

XL1200C, 40
XL Sportster, 36, 41
XLCH, 9, 36, 41
XR-750, 54, 56
XR 1000, 36

Die 1947 WL. Die hochverdichtenden Zylinderköpfe der750er brachten eine PS-Mehrleistung von 15%.

Bildnachweise:
Martin Norris: 1, 2, 3, 4, 5, 7, 12, 13, 14o, 14u, 15, 16l, 16r, 18, 20, 24, 25, 27, 33r, 35o, 37, 38u, 40, 45u, 46l, 48, 51, 52o, 52u, 57, 58, 59, 60l, 60r, 61l, 61r, 62r, 63, 64l

Garry Stuart: 8, 10, 11, 17, 19u, 21, 22l, 22r, 23, 29, 33l, 34u, 35u, 36, 38o, 39o, 42, 43, 44, 46r, 49, 50, 54, 55, 56l, 56r, 64r

Richard Crosby: 28, 30, 39u, 41l, 41r, 45o, 16l, 16r

Beaulieu Motor Museum: 6, 9, 26, 32, 47, 53

Pictorial Press: 19o, 31, 34o

Don Morley: Einbandfoto